U0292734

Precious Appreciation

行家宝鉴

紫檀

王良达　编著

图书在版编目（ＣＩＰ）数据

紫檀 / 王良达编著 . -- 福州 : 福建美术出版社 ,2015.1

（行家宝鉴）

ISBN 978-7-5393-3304-5

Ⅰ . ①紫… Ⅱ . ①王… Ⅲ . ①紫檀－木家具－鉴赏②

紫檀－木家具－收藏 Ⅳ . ① TS666.2 ② G894

中国版本图书馆 CIP 数据核字 (2015) 第 009166 号

作　　者：王良达

责任编辑：李　煜

行家宝鉴·紫檀

出版发行：海峡出版发行集团

　　　　　福建美术出版社

社　　址：福州市东水路 76 号 16 层

邮　　编：350001

网　　址：http://www.fjmscbs.com

服务热线：0591-87620820（发行部）　　87533718（总编办）

经　　销：福建新华发行集团有限责任公司

印　　刷：福州万紫千红印刷有限公司

开　　本：787 毫米 ×1092 毫米　　1/16

印　　张：6

版　　次：2015 年 8 月第 1 版第 1 次印刷

书　　号：ISBN 978-7-5393-3304-5

定　　价：68.00 元

编者的话

　　这是一套有趣的丛书。翻开书，丰富的专业知识让您即刻爱上收藏；寥寥数语，让您顿悟收藏诀窍。那些收藏行业不能说的秘密，尽在于此。

　　我国自古以来便钟爱收藏，上至达官显贵，下至平民百姓，在衣食无忧之余，皆将收藏当作怡情养性之趣。娇艳欲滴的翡翠、精工细作的木雕、天生丽质的寿山石、晶莹奇巧的琥珀、神圣高洁的佛珠……这些藏品无一不包含着博大精深的文化，值得我们去了解、探寻和研究。

　　本丛书是一套为广大藏友精心策划与编辑的普及类收藏读物，除了各种收藏门类的基础知识，更有您所关心的市场状况、价值评估、藏品分类与鉴别以及买卖投资的实战经验等内容。

　　喜爱收藏的您也许还在为藏品的真伪忐忑不安，为藏品的价值暗自揣测；又或许您想要更多地了解收藏的历史渊源，探秘收藏的趣闻轶事，希望这套书能够给您满意的答案。

目录

第四章

紫檀工艺品的收藏与保养

第五章

作品鉴赏

清　紫檀宫灯一对（图片提供：中国嘉德）

紫檀 ° ｜ 收藏与鉴赏

第一章

何谓紫檀

第一节

什么是紫檀

紫檀，别名：青龙木、黄柏木、蔷薇木、花榈木、羽叶檀、黑骨柴。主要产于南洋群岛的热带地区，其次是交趾（今越南）。属于紫檀属的木材种类繁多，但在植物学界中公认的紫檀却只有一种——"小叶檀"，别名青龙木，主要产于印度及马来半岛、菲律宾等地，中国湖南、广东、云南也有少量出产。印度的小叶紫檀（学名：檀香紫檀），又称鸡血紫檀。檀香紫檀为紫檀中精品，密度大棕眼小是其显著特点，且木性非

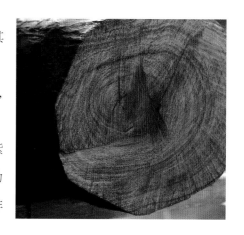

常稳定，不易变形开裂。檀香紫檀多产于热带、亚热带原始森林，以印度迈索尔邦地区所出产的紫檀最优。紫檀质地坚硬，色泽从深黑到红棕，变幻多样，纹理细密。紫檀生长速度缓慢，5 年才一年轮，要 800 年以上才能成材，硬度为木材之首，系称"帝王之木"。常言十檀九空，最大的紫檀木直径仅为 20 厘米左右，其珍贵程度可想而知。

　　紫檀的树皮呈灰绿色，树干多弯曲，取材很小，极难得到大直径的长树；边材狭，材质致密坚硬，入水即沉，心材鲜红或橘红色，久露空气后变紫红褐色条纹，纹理纤细浮动，变化无穷，有芳香。紫檀也是名贵的药材，用它做成的家具有疗伤的功效，是中国自古以来被认为最贵重的木材之一。

常见檀木

红木类

1.大叶紫檀：大叶紫檀是市场上人们对黑酸枝木类卢氏黑黄檀的俗称。它是黑酸枝，而不是紫檀。

2.黑檀：黑檀指乌木。心材漆黑色或黑褐色，所以被人们形象地称为黑檀，有的地方也把东非黑黄檀称为乌木。

另外，花梨木类里的许多木材，比如刺猬紫檀、印度紫檀等，它们都是紫檀属里的木材，虽然学名中都带紫檀二字，但无论从木材性能，还是纹理、价格等方面都和真正的紫檀相差甚远。

非红木类

1.红檀：红檀也被人称为黄檀。在 20 世纪 90 年代刚进中国的时候，被鉴定为红酸枝，2001 年被更正，实为红铁木豆。它结构细密，材色喜人，花纹也很美丽，很多特点都类似于红酸枝。铁木豆属的树种全世界约有 100 种，产于热带美洲及非洲，非洲常见的用材树种有葱叶状铁木豆和马达加斯加铁木豆两种。

2.绿檀：这种材质因为其具有特殊的香气和浅绿的颜色而被人们称为"绿檀"。其实，"绿檀"的学名为维腊木。维腊木隶蒺藜科，愈疮木属，本属共 8 种，主要有乔木维腊木和萨米维腊木。绿檀在阳光下呈黄褐色，在光线暗淡处变成绿色，随着湿度和温度升高变化成深蓝色、紫色。观察颜色变化是鉴定绿檀的方法之一。

3.黑紫檀：黑紫檀实为君子科，风车藤属风车木，产自非洲莫桑比克等地。木材重而硬，树皮表面粗糙，具规则纵列；心材紫褐色至黑褐色，放久后则呈黑紫色，所以被人们称为黑紫檀。

4.血檀：血檀的鉴定结果为隶桃金娘科桉木，主要产自于澳洲。该木材的密度非常大，木材的横截面近圆形、椭圆形。从颜色上看，该木材心材呈黑褐色、栗褐色，边材黄褐色、红褐色，板材有时也会开出牛毛纹，极易冒充檀香紫檀。

大叶紫檀　　　　　　　　　　　　　黑檀

红檀　　　　　　　　　　　　　　　绿檀

黑紫檀　　　　　　　　　　　　　　血檀

第二节

紫檀的源头与产地

　　紫檀呈紫黑色。在中国人的思想里，历来把紫色认为祥瑞之色，象征着尊贵。故宫原来叫做紫禁城，由此可见紫色的地位。紫檀，从进入中国以来，上至宫廷皇家贵族，下至民间平民百姓，无人不热爱，但一度只允许皇家使用，可以说紫檀的魅力无限。那么紫檀的源头可以追溯到哪里？它的产地又在哪儿呢？

清中期　紫檀一木整挖砚台盒（图片提供：北京匡时）

紫檀雕福寿纹玫瑰椅成对（图片提供：北京匡时）

一、紫檀的源头

在我国，有关紫檀的记载，最早的，可以追溯到晋代。崔豹的《古今注》中讲："紫栴木，出扶南，色紫，亦谓之紫檀。"宋朝赵汝适的《诸蕃志》也有记载："檀香出阇婆之打纲、底勿二国，三佛齐亦有之。其树如中国之荔支，其叶亦然，土人砍而阴干，气清劲而易泄，蘸之能夺众香。色黄者谓之黄檀，紫者谓之紫檀，轻而脆者谓之沙檀，气味大率相类。"再则，清朝时期，谷应泰在《博物要览》中写道："檀香有数种，有黄、白、紫色之奇，今人盛用之，将淮河朔所生檀木即其类，但不香耳。"

而国人真正认识到紫檀的好，相传是源于明朝郑和的远洋。永乐初年，明成祖朱棣，为宣扬当朝国威，派郑和率领船队远洋，船上载满了丝绸、茶叶、瓷器等礼品，沿途赠送给所到之

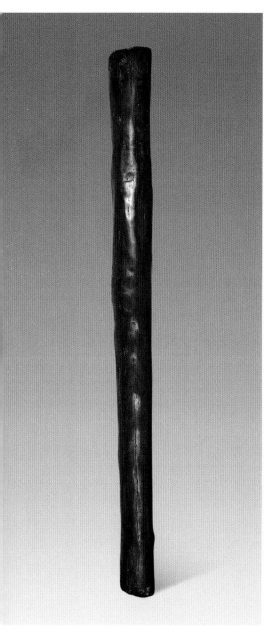

紫檀摆件（图片提供：中国嘉德）

国。回程的时候，船体就轻了很多，因为怕船只经不起海上的风浪，会翻船，便需要有重物压舱柜。据说当时，郑和一行人发现沿途的一些国家有一种紫色木材非常坚实沉重，所以就让人砍来这种木头作为压舱之用。不少紫檀木就这样被运回了中国。之后明代的皇室贵族便开始使用这些"压舱木"来做家具，人们发现这种木头制作的家具不仅结实坚硬，而且又不怕水，还可以防虫，因此紫檀木就越来越受欢迎。此后，明朝皇帝派官吏远赴南洋采办紫檀木成为一种定例。

然而明代所采办的紫檀木并非马上就使用，很多都被存储下来，作为备用。绝大部分紫檀木分别储存在北京和广州两地。清朝时期所使用的紫檀木也主要是明代所采。据史料记载，清朝时也曾派人到南洋采办紫檀木，但大多粗不盈握，曲节不直，根本不能使用。正是因为明代采伐过量，清朝时期尚未复生，来源枯竭，使紫檀木更被世人所珍爱。

到了清朝中期，紫檀木已经非常紧缺，不能满足当时所需，皇家还不时从私商手中高价收购紫檀木。那个时候还形成了一个不成文的规定，就是不管哪一级官吏，只要见到紫檀木，都要悉

紫檀"宋榻圣教序"夹板（图片提供：南京正大）

数买下，上交给皇家或是各地织造机构。清中期以后，各地私商囤积的紫檀木料也被收买净尽。这些木料中，一部分被用来装饰圆明园和宫殿；一部分则用在同治、光绪大婚和慈禧六十大寿的时候；到了袁世凯时期，仅存的紫檀木全数用完。

　　紫檀木不仅深受中国人的喜欢，也被欧美等西方人士所重视，他们甚至比中国人更热爱紫檀木。因为他们从来没有见过紫檀大料，认为只可作小巧器物。据传，在拿破仑墓前的一个五寸长的紫檀木棺椁模型，就已经让非常多的参观者惊慕不已，以为稀有。直至明末清初时期，很多西方传教士来到中国，见到了许多紫檀大器，才知道紫檀精品都在中国，于是就多方收购，运送回国。欧美流传的紫檀器物，大多是从中国运过去的。由于当时运输困难，他们一般不会买一整件器物，而是收买柜门、箱面等有花纹的部件。运回国之后，装安木框用以装饰。

清晚期 紫檀文具箱（图片提供：北京匡时）

二、紫檀木的产地

  陈嵘的《中国树木分类学》中说，紫檀属是豆科中的一属，大约有 15 种，多数产自热带。其中有两种也产自我国，一种是紫檀，另一种是蔷薇木。

  但通过植物学家和木材学家的仔细、认真和全面的探索与辨识之后表明，没有一种是原产于我国的。紫檀木的产地主要在印度的南部和西南部山区，特别是迈索尔邦。也有一些木材学专家认为紫檀木的产地还有越南、印尼、柬埔寨等国家或地区，但是一直没有强有力的证据来佐证。一些国家或地区也有人工引种的，例如斯里兰卡、孟加拉国、缅甸、老挝、泰国、越南及中国台湾、福建、广东、海南、广西、云南都有少量分布。但人工引种的效果都不是很理想，无论是从比重、色泽还是纹理上，和原产地在印度的紫檀木相比，都存在很大的差异。这些人工引种的紫檀木，大

多新材颜色过于橘红并偏黄，色素少、油性差、包浆慢、密度差，很容易开裂。

那么，毫无疑问，印度是紫檀的原产地。这里的地理环境多为季风性气候，夏季受印度洋的东南季风控制，高温多雨；冬季则受来自亚欧大陆的东北信风控制，降水稀少。最低月平均气温高于18摄氏度。一整年下来，干湿季明显，气候温润，阳光充足。正是这样得天独厚的气候条件和地理环境，才使得紫檀得以生长。

三、紫檀如何进入中国

既然紫檀的原产地不在中国，那么中国古代以及现在使用的紫檀是什么时候开始并通过什么途径进入中国的呢？

我国古代，从魏晋南北朝时期开始就有了"朝贡贸易"，来自殊方异域的属国番邦定期或不定期地向中国进献本国或他国所产的特产，也时常有一定数量的名贵木材，这其中就包括了紫檀。

众所周知，我国先民早在汉代以前，就已经懂得通过陆路和海洋交通与国外及周边的少数民族进行沟通、来往了。特别是在汉武帝时期，对外扩张加大，打通了海上通道，带回了大量的奇珍异宝。最著名的莫过于"丝绸之路"了。从西汉开始的通向中亚及西亚的陆上丝绸之路，

清 紫檀花卉纹座（图片提供：中国嘉德）

清早期 紫檀螭龙纹倭角香盒（图片提供：中国嘉德）

大大地增加了人员及货物的往来。而海洋交通最出名的就是明朝的郑和七次下西洋了，极大地加强了中国与外国的联系，沿途国家回赠或是郑和船队自己购买的商品中就有印度的紫檀。另在明史上以及一些文献资料中，也多次提到朝廷派官员远赴南洋采购香料、木材及其他宝物，其中包含了紫檀。

近年来进入中国的紫檀主要是从印度南部经缅甸到云南瑞丽、盈江口岸，也有少量的紫檀是从印度经尼泊尔到西藏、青海格尔木转往内地的。

紫檀 ° | 收藏与鉴赏

第二章

小叶紫檀的特征及鉴别

第一节

小叶紫檀新、老料的问题

　　随着中国经济的发展，以及古董紫檀家具在美国及香港的拍卖会上屡创佳绩，自 20 世纪 90 年代初开始，国内出现了紫檀家具收藏热。这也直接促使了紫檀家具生产的繁荣，以及小叶紫檀木料价格的暴涨。熟悉明清宫廷家具用材历史的人都知道，明代后期至清代中叶，封建统治者大量采购紫檀木。历史上也出现了至清代后期，印度的紫檀木被采伐殆尽、几近绝迹的

清乾隆　紫檀双面雕螭龙纹板（图片提供：中国嘉德）

说法，因此老料紫檀的价格尤为珍贵。于是市场上就出现了大量以紫檀新料冒充老料，以谋取更大利益的欺诈行为。所以在讨论小叶紫檀的材质特征和鉴别之前，我们先来说一说小叶紫檀的新、老料问题。

周默先生在他的专著《紫檀》中否定了小叶紫檀在清代后期就已经绝迹的说法，同时考证了从 2003 年开始大量通过我国边境走私进口小叶紫檀的现象。在小叶紫檀新、老料的问题上，周默先生也为我们提供了讨论的依据。

生长在印度南部的小叶紫檀要达到制作家具的木料要求，需要经过 500~1000 年甚至更长的时间生长。明清时期用来制作家具的小叶紫檀木料，一般都经过了这么长时间的生长过程，应该是真正意义上的老料小叶紫檀。也就是说，真正的老料应该是指其生长的时间长，而不是放置的时间长。这部分老料小叶紫檀在故宫曾有存货，但据说已经用完了。而原生长在印度南部的小叶紫檀野生林确实被大量地采伐，但不能说曾到了灭绝的地步。

印度在 20 世纪初就意识到小叶紫檀的珍贵性，并从那时开始研究、培育和栽种小叶紫檀的人工林。人工林跟野生林相比，生长速度快，少空心，出材率较高，但其心材在材质上就没有野生林的小叶紫檀好。这些人工培育的小叶紫檀长到一定程度，经砍伐就是所谓的紫檀新料。而人工培育的小叶紫檀也被广泛引种到了越南、老挝、泰国，以及我国的广东、海南等地。

小叶紫檀在印度常被用来做房屋的屋脊，近年来常在被拆掉的印度木建筑房屋中看到较大件的紫檀老料。除此之外，经过 500~1000 年乃至更长时间生长的老料的确很少见了。因此，在选购紫檀家具和工艺品时，最好不要对老料过于迷信。一来防止受骗，避免以过高的价格购买新料制作的家具；二来也倡导以理性的态度，对待小叶紫檀的投资。

清早期 紫檀嵌黄花梨方几（图片提供：北京保利）

第二节

小叶紫檀的材质特征

小叶紫檀为常绿乔木，树干通直，树皮呈深褐色；树叶通常为小叶 3~5 片，一般为椭圆或卵形。小叶紫檀的心材新切面为橘红色，久而愈深。其生长轮不是很明显，也没有明显的香气，但其木屑会散发出淡淡的香味。

小叶紫檀最直观的材质特征是颜色深重，且纹理细密交错、图案丰富，非常契合人们视觉和心理的美感需求。用紫檀木在白墙上或白纸板上用力画时，可留下明显的紫红色印迹。放置时间较长的紫檀木或紫檀家具颜色会越来越深，变成深紫或紫黑色。若长时间受阳光照射，其表面还会生成灰白色和咖啡色。但无论如何，紫色是小叶紫檀的基本色，而无论在东方还是西方，紫色都是代表"高大上"的颜色，所以小叶紫檀备受地位显赫的人尤其是皇室喜爱。

纹理是小叶紫檀另一大特色。需要说明的是，纹理是小叶紫檀材质特征的表象之一，用纹

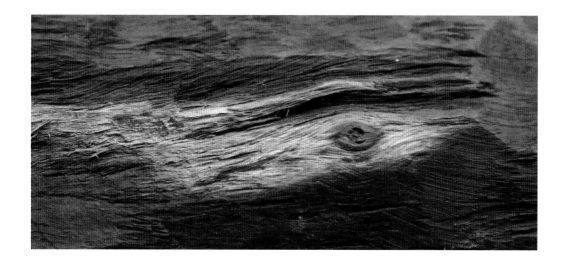

理来给小叶紫檀分类实际上是不严谨的。小叶紫檀的纹理比较丰富，包括牛毛纹、金星纹、豆瓣纹、犀角纹、鸡血紫檀等，这些纹理是鉴别小叶紫檀的依据之一，但不是绝对依据。因为小叶紫檀的纹理也有不规则的表现，如类似于鬼脸纹的紫檀瘿木的纹理，就是极其珍贵。

　　我国通常用气干密度（指气干材重量与气干材体积之比）来衡量木材的材质，并作为生产使用的基本依据。中国林科院木材工业研究所根据木材的气干密度将木材分为五级，其中第五级为大于或等于 0.95g／cm³。气干密度大，表示木材的分量重、硬度大及强度高。小叶紫檀木材的气干密度大于1，约为 1.05~1.26g／cm³。因而小叶紫檀最典型的材质特征是质地坚硬、木性稳定，为硬木之王。用紫檀做的家具、器物等不易开裂变形或受腐蚀，对环境变化的适应力强，因此可保存的时间非常长。这也是小叶紫檀在明清时期备受皇室宫廷青睐的主要原因之一。

　　在材质坚硬、稳定的同时，小叶紫檀另一个最难能可贵的特征是"性格温顺"。马未都在谈论紫檀时，就说紫檀是"脾气"最好的木头。也就是说，由于小叶紫檀结构细腻、组织均匀，无论横向、纵向、斜向受刀都几乎畅通无阻。的确，从大量雕饰繁复精美的清代紫檀家具中可以看出，小叶紫檀是所有硬木中最适合雕刻的木材。为此，还出现了专有名词"紫檀工"，主要就是指清代匠人精湛的紫檀雕刻工艺。

另外，小叶紫檀还是一种油性极佳的木材。油性越大的木材其自身的保养能力就越强，相对来说不需要上蜡或上漆，也能够保存良好。因为油性好，小叶紫檀制作的家具或工艺品极具光泽，置于室内且放置时间较长的紫檀家具会形成天然的包浆，这既利于家具的保存，同时能让家具拥有纤细顺滑、细腻如脂的手感。当然，不同小叶紫檀木料的油性是有差别的，影响油性大小的主要因素是看新料还是老料、木材棕眼密度的大小等。如今，小叶紫檀佛珠等把玩件就十分注重其油性。

最后，小叶紫檀的另一个特性也越来越被人们重视，而这也是小叶紫檀把玩件在当代越来

金星纹

虎斑纹

牛毛纹

波浪纹

凤眼纹

越受欢迎的原因之一，即小叶紫檀在养生保健方面具有突出的药用价值。据说，在明代李时珍编撰的《本草纲目》中，就记载着小叶紫檀消肿止痛、活血化瘀的功效。如今，虽然人们已经很少拿小叶紫檀直接入药，但通过使用小叶紫檀家具以及把玩小叶紫檀把玩件，同样实现了其养生保健的价值。小叶紫檀家具给人静穆庄严的直观感受，摆放在家里能够起到安神安心、修身养性的作用。经常把玩小叶紫檀佛珠等工艺品，同样能够调节情绪、安神醒脑、舒缓肠胃等。

需要说明的是，小叶紫檀的这些特征是受其生长环境，采伐时间，木料的堆放条件、时间长短以及后期的工艺处理等所影响的。生长环境较好，并经过合理的存放和处理的小叶紫檀，能够完美地呈现其材质的优越性。小叶紫檀是贵重而稀缺的木材，我们应该珍惜，更要加以保护。在制作或把玩小叶紫檀的过程中，也应该怀着尊敬的态度，充分利用小叶紫檀木料的同时，也充分展现其材质特征及其特有的魅力。

第三节

小叶紫檀的鉴别

由于人们对小叶紫檀的认识存在这样那样的误区，在认识不深的情况下往往又被利益所驱动，再加上相关的市场标准和市场监管的不完善，小叶紫檀的市场可谓乱象丛生。对于对小叶紫檀家具或工艺品感兴趣，甚至想从事相关行业的人来说，懂得小叶紫檀的鉴别尤为重要。

小叶紫檀的鉴别通常有两个层次：一是鉴别是否是小叶紫檀；二是鉴别小叶紫檀新、老料。第一个层次是最基本的要求，只要是小叶紫檀，就至少不会太亏；而鉴别是新料还是老料，则是对小叶紫檀价值的进一步考量，需要更加谨慎。

另外，由于市场上故意混淆小叶紫檀和卢氏黑黄檀（俗称大叶紫檀）来欺骗消费者、牟取非法利益的行为时有曝光，所以在小叶紫檀的鉴别中，也要讲一讲小叶紫檀与卢氏黑黄檀的区别。

清乾隆 "乾隆御用" 御题诗澄泥伏虎砚及紫檀盖盒（图片提供：北京保利）

一、鉴别是否是小叶紫檀

关于鉴别是否是小叶紫檀的方法，可以从两个方面着手。一方面，如果有条件的话，利用植物学家、木材学家的科学方法，借助专业科学仪器来鉴别自然是最稳妥的办法。但这个方法普及的可能性不大，而且实际上也只有在植物科学研究领域才会真正使用这种方法。所以在购买和收藏小叶紫檀家具或工艺品时，最主要的还是从第二个方面着手：加强对小叶紫檀的认识及相关鉴别知识的学习与实践，依据小叶紫檀的材质特征，用传统的经验来判断和鉴别。一般来说，用传统的经验来鉴别是否是小叶紫檀，可根据小叶紫檀的材质特征，从"肉眼观测""上手掂摸""实验鉴别"这三个阶段来进行。

"肉眼观测"，即看木材表面的材质特征，可从颜色、纹理、光泽等方面着手，这需要大家充分熟悉小叶紫檀的材质特征。小叶紫檀是含有紫檀素的，和空气中的紫外线接触就会被氧化，从而导致颜色的变化。而大致的变化过程是：橘黄色或者橘红色，经过氧化颜色会慢慢变深，变为紫红色，最后甚至会接近黑色，但在光线充足时可辨出为深紫红色。

小叶紫檀料质细腻，纹理上也会较细较密，所以肉眼观测的实际感受应该是纹理并不十分明显。一般我们借助于放大镜时，可看到小叶紫檀的纹理排列比较密集。相反，如果肉眼能看到明显而疏松的金星、牛毛纹，则要引起警惕。

从光泽来看，因为小叶紫檀的油性好，一般都有较好的光泽度，这种光泽度是肉眼可见、较为明显的。当然也有因存放或把玩不当等客观因素导致光泽不明显的情况，所以光泽度的参考作用相对弱一些，需要多通过其他途径来综合参考。

另外，由于小叶紫檀的生长速度缓慢，所以它的生长轮（年轮）不明显，这是一个容易跟其他木材区分的特点，在肉眼观测中可以把生长轮也考虑进去。

肉眼观测可以说最基础的鉴别方法，对于鉴别经验较为丰富的人来说，如果鉴别对象无法通过肉眼观测鉴别，也就基本上没有必要进一步鉴别。然而，这里也需要指出，最基础步骤不能理解为第一个步骤，所以也不能简单地认为不具备以上表面特征的木材就肯定不是小叶紫檀。因为确实存在因客观因素掩盖了小叶紫檀的表面特征

清中期　紫檀挑杆宫灯架一对（图片提供：香港佳士得）

的情况，尤其在面对可能是老料小叶紫檀时更要
留心，以免犯下大错。所以为了谨慎起见，特别
是对于经验稍浅的人来说，还是有必要对鉴别对
象进行全面的考察评估。

　　"上手掂摸"即掂量木材的分量，并感受其
触摸的手感。它的好处是能够更直观地感受小叶
紫檀的材质特性。小叶紫檀的气干密度大，分量
比较沉，对于物件较小的工艺品，可以直接上手
掂一掂重量，正宗的小叶紫檀应会较明显地感觉
压手；大件的家具不方便掂量的，可通过抚摸家
具的表面，一般小叶紫檀家具的触感应该是光滑
细腻的，因为其油性极佳，形成的包浆具有细腻
的手感。制作工艺精良的家具或工艺品触摸起来
无比顺滑，用如缎如绸来形容也毫不为过。相反，
如果明显感觉物件轻，或者摸起来不顺畅、摩擦
明显，则不太可能是小叶紫檀。

　　"肉眼观测"和"上手掂摸"依据的是对小
叶紫檀材质特征的充分掌握，在积累了相当的经
验之后，是可以形成比较可靠的鉴别方法的。在
这里建议大家，碰到真正的精品小叶紫檀时，可
以抓住机会多看多摸，久而久之，对小叶紫檀形
成视觉和触觉记忆，就能提高鉴别的准确度和速
度。当然，如果对经验还是不够自信，在条件允

许的情况下，再进行一些实验方法来进一步确认也是有必要的。以下列举的一些方法是操作比较方便，且我认为准确度较高的方法。另外需要指出的是，以下这些方法也需要综合使用，以单一某种方法就确认鉴别结果是片面的，容易造成误判。

1. 看是否沉于水。小叶紫檀的气干密度大于1，无论是大件的小叶紫檀家具，还是小叶紫檀木板，抑或是小小的佛珠，都是肯定沉于水的。沉水法适用于小件，如佛珠手串、体积较小的摆件等的鉴别。如果鉴别对象不沉于水，则肯定不是小叶紫檀；沉于水的，再进行其他实验进一步确认。

2. 看划痕颜色。小叶紫檀在白纸上画线时，会留下明显的痕迹，一般颜色为橘红色或紫红色，如果是其他颜色或没有颜色，则肯定不是小叶紫檀。

3. 看木屑在水中是否有荧光。取小叶紫檀的木屑放入水中，放置时间超过12个小时后，水的上层会出现蓝色的荧光。

4. 置于酒精中看掉色的颜色。小叶紫檀置于酒精中时，会有明显的掉色，掉色的颜色跟在白纸上画线留下的痕迹颜色相似，在酒精中还可以较明显地看到一层淡淡的紫色。需要指出的是，许多木头如海南黄花梨和红酸枝在酒精中也会掉色，跟小叶紫檀比起来，三者有细微的差别，有兴趣和条件的朋友可以做实验比较。

5.听互相敲击的声音。取另外一块已知是小叶紫檀的木料敲击鉴别对象，敲击发出的声响是清脆悦耳的则可能是小叶紫檀。这个方法可供参考。

通过这些基本的办法，一般可判断出木材是否属于小叶紫檀。但不得不承认的是，木材市场错综复杂，在利益的驱动下，作假、作旧的陷阱无处不在。有时即使你以为已经很好地掌握了关于小叶紫檀的基本鉴别方法，也仍然会犯错、吃亏。因此，我们必须保持谨慎，同时又要通过不断历练，积累起丰富的鉴别经验，这样才能不断提高小叶紫檀的鉴别能力。

二、鉴别小叶紫檀新老料

前面已经说到，近现代人工栽种、一般长在平地、成材时间较短的是新料；而野生、一般长在山地上、成材时间相当漫长的是老料。同是小叶紫檀，老料和新料的差别还是比较大的。可以肯定的是，由小叶紫檀的材质特征所决定，新料的密度、纹理、油性等都不如老料的好，自然老料的价值也就比新料高。鉴别新老料有助于我们进一步提高鉴别能力，具体列举一些要点的话，以下几个方面的对比较为明显。

1.从表面的颜色来看，老料小叶紫檀的颜色相对较深，看起来也较为厚重一些。当然，这种方法有一定的局限，因为新料放置时间较长时颜色也会变深，会影响到判断。遇到这样的情况时，可以结合木料的光泽度来判断：老料的光泽度会更好，反光比新料肯定要明显。

2.同等大小的小叶紫檀木料，老料要比新料沉。由于老料的生长时间长，气干密度比新料要大一些，所以同等大小的木料相比较时，老料要比新料沉一些。有条件的朋友可以通过多掂量新料和老料来实际感受两者的差别。

3.如果是原木的话，通过对比原木的大小、弯曲度、生长轮等，可以较为准确地判断是老料还是新料。一般来说，老料的径级较小，多弯曲，常有空心。相对来说，新料的径级会粗大一些，而且更笔直，几乎不会有空心的情况。从生长轮的对比来看，新料的生长轮相比老料来说还是要明显一些，而老料的生长轮是几乎不可见的。这个对比相对也是比较可靠的，如果鉴

小叶紫檀老料　　　　　　　　　　　　小叶紫檀新料

别对象的生长轮很不明显，甚至需要借助其他工具才能看清，则是老料的可能性更大；相反，能够轻易地看见一圈一圈的生长轮，则可以肯定是新料。

总之，紫檀新、老料的鉴别需要更加丰富的实践经验，要想在这方面成为行家，吃亏应是避免不了的。在寄希望于通过市场鉴定标准的制定和监管力度的加强来整顿乱象之前，还是先练就一双"火眼金睛"吧！

三、区别小叶紫檀与卢氏黑黄檀

卢氏黑黄檀又叫大叶紫檀，从名称也可以看出，它是最容易与小叶紫檀混淆的木材。在红木国际标准5属8类33种木材中，这两种木材都有自己的位置。小叶紫檀是紫檀属紫檀木类下唯一一种木材，而卢氏黑黄檀属于黄檀属黑酸枝木类下8种木材之一，可见两者是完全不同的木材。从产地来看，小叶紫檀的主产地是印度南部，卢氏黑黄檀则主要来自于非洲马达加斯加岛，所以在产地上也没有交集。

之所以会产生混淆，是因为卢氏黑黄檀也是一种较为优良的木材，其材质与小叶紫檀有相似之处。卢氏黑黄檀的气干密度达到了 $0.95g/cm^3$，其结构紧致细密，纹理交错。另外它的心材新切面为橘红色，久则转为深紫或黑紫，划痕明显。因这些特征，卢氏黑黄檀所制作的家具与小叶紫檀家具在外观上相似。

虽然外观相似，但毕竟是两种木材。虽然卢氏黑黄檀是一种不错的木材，但跟小叶紫檀比

檀香紫檀颜色及纹理

卢氏黑黄檀颜色及纹理

起来，差距还是很大，而拿卢氏黑黄檀冒充小叶紫檀来牟取暴利，显然就是极不道德的行为。这里还需要大家擦亮眼睛，区别小叶紫檀和卢氏黑黄檀。如果有机会见到原木的话，两者的区别还是十分明显。卢氏黑黄檀的径级粗大，是小叶紫檀无法达到的级别。而在显微镜下时，二者的材质结构区别也非常明显。除此之外，还可以通过一些比较简单的方法来区别这两种木材。

首先，两种木材制作的家具虽然在外观上相似，但仔细观察的话，还是可以看出差别的。一般小叶紫檀家具不需上蜡，而卢氏黑黄檀需上蜡，在这一点上已经判出高下。即使如此，小叶紫檀家具的光泽还是比卢氏黑黄檀更亮，也更自然，而且小叶紫檀家具的触摸手感也更顺滑。纹理上来说，虽有相似，但小叶紫檀纹理较直，花纹较少，相对不那么明显；卢氏黑黄檀花纹明显，局部卷曲。这些都是外观上的细微差别。

其次，还可以闻气味。小叶紫檀的气味比较淡，仔细闻起来有淡淡的清香味。而卢氏黑黄檀是酸枝木类，酸香味会比较明显，有时还可能很刺鼻。这一点是两种木材较为明显的不同，相信大部分人可以区别这两种气味。

再次，可以看两种木材的木屑在水中的荧光反应。前面已经说过，小叶紫檀泡于水中时，水面上层会出现蓝色的荧光。而在同等条件下，卢氏黑黄檀没有这样的反应。

最后还可以用酒精测试。前面也已经说过，小叶紫檀在酒精中会掉色。这里可以用一块沾上酒精的棉布分别在小叶紫檀和卢氏黑黄檀上擦拭，棉布会被染红的是小叶紫檀，而没有掉色的则是卢氏黑黄檀。

通过上面列举的方法，应该能够较准确地区别小叶紫檀和卢氏黑黄檀了。大家在购买和收藏家具的过程中，需要特别小心这两种木材的区别，如果弄错，损失会很严重。

紫檀 ° ｜ 收藏与鉴赏

第三章

紫檀的文化与艺术

第一节

紫檀的文化

一、历史底蕴深厚

　　紫檀作为世界上最名贵的木材之一，有着极其丰厚的历史底蕴。我国最早出现紫檀的记录是在 1500 多年前的晋朝："紫栴木，出扶南，色紫，亦谓之紫檀。"（崔豹《古今注》）

　　若要深究紫檀的溯源，恐需从唐代谈起。除了至今藏于日本正仓院的紫檀琵琶和紫檀棋盘等器具皆产于唐代外，唐诗中也常出现"紫檀"字样。唐代冯贽《云仙杂记》中有记载："开成中，贵家以紫檀心、瑞龙脑为棋子。"早在 838 年前后，

小叶紫檀香道狮子（图片提供：上木良品）

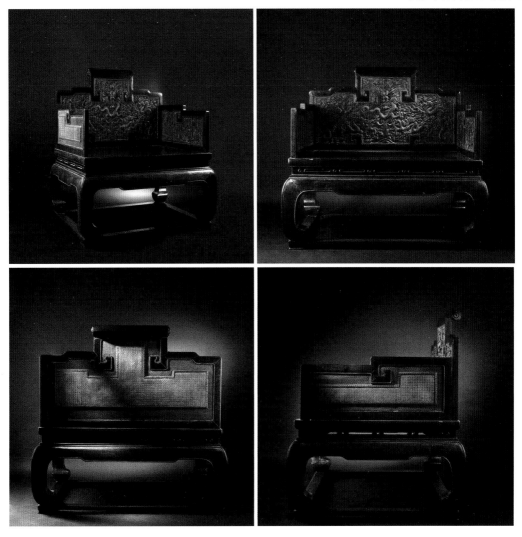

清乾隆　紫檀雕漆云龙纹宝座（图片提供：北京保利）

便有富贵人家用紫檀做棋子赏乐。李宣古所作《杜司空席上赋》中有："觱栗调清银象管，琵琶声亮紫檀槽。"紫檀制成的琵琶声音清亮，不绝于耳。王仁裕的《荆南席上咏胡琴妓二首》中亦有提及："红妆齐抱紫檀槽，一抹朱弦四十条。湘水凌波惭鼓瑟，秦楼明月罢吹箫……"由此可见，唐代时，用紫檀制作乐器已是常事。

　　而紫檀是在明清时期才被广泛运用于宫廷家具制作、宫殿修建及皇家园林建造的。有来自黑水之滨的满族入主中原，为示改朝换代，对原有的家具都进行了整改更替。依据阴阳五行，北方属黑色，因此他们认为唯有紫黑色的紫檀木与他们民族相契，遂在其统治期间，紫禁城内的家具多为紫檀。《古玩指南》中有记载："凡可成器者，无不捆载以来。然均粗不盈握，节屈不直，多不适用。"由此可知，清代对紫檀木的需求量极大，紫檀木有供不应求之势。

二、皇家专用用材

有"帝王之木"之美称的紫檀曾是皇家专用用材。紫檀被选为皇室专用，除了上述的统治者的主观考虑外，还存在以下原因。其一，颜色。檀木的"紫"是温如绸缎、润如璞玉的颜色，是中国传统中最祥瑞的色彩。早在战国时期，就确定了紫色的地位。《韩非子》记载："齐桓公好服紫，一国尽服紫。"紫色是尊贵身份的象征。其二，产地少。紫檀实际上只有一种即檀香紫檀，其主产地应为印度南部及西南部山区，即印度东海岸的安德拉邦南部和泰米尔纳德邦北部地区。其三，产量低。"物以稀为贵"，几百年甚至千年方能成材的紫檀，产量极低。到了清朝，紫檀几乎为宫廷所垄断，这种珍贵稀有的木材用来营造皇家威严肃穆的气势最为恰当。

田家青先生在《清代宫廷紫檀家具用料的时期性差异》一文中写道："康熙、雍正两朝励

清中期　紫檀四平式六屉画桌（图片提供：中国嘉德）

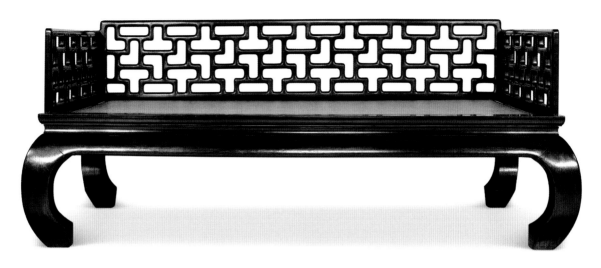

清早期 紫檀三屏风攒接围子罗汉床（图片提供：中国嘉德）

精图治，力倡节俭，家具中不少是软木髹漆的或是软木与紫檀搭配制成，乾隆时期百业兴旺，国力充实，家具制作用料奢靡。"乾隆年间，宫廷中出现了大量的紫檀家具。

而谈到清宫使用的紫檀家具及紫檀木原材料，就不能不谈到清宫内务府造办处。据第一历史档案馆收存的内务府造办处资料，清宫每年都要斥巨资从海外购买大量的紫檀木，为帝王之家营造宫室，打造家具。如乾隆二十五年（1760）六月初一日，"造办处钱粮库谨奏为本库存贮紫檀木五千二百余斤恐不敷备用，请行文粤海关令其采买紫檀木六万斤等摺。郎中白世秀，员外郎金辉交太监胡世杰转奏奉旨知道了，钦此"。由此可见，清宫内务府造办处为皇宫打造的家具，所用的紫檀木料数量之大是相当惊人的。

三、陈设布局考究

中国古代的等级制度极为森严，人分三六九等，家具也是如此。据史料可知，平常百姓家的家具一般以柴木为主，而如皇家或皇亲一类的身份地位较高者，其家具则是以较为尊贵的黄花梨、紫檀为主。

中国是个"礼仪之邦"，做任何事均需讲礼法，家具的陈设也有讲究。明清两代地位尊贵阶级的家具陈设十分严谨，大都以平衡中正的格调放置（即在主要的大厅中陈设的家具，一般

清中期　紫檀雕云蝠纹六方凳 一对（图片提供：北京保利）

采用成对或成套的对称方式摆放，以大厅的中轴线为基准对称放置）。

　　以紫檀为例，历史上许多文学作品中都有体现紫檀陈设方式、空间布局的描写。《红楼梦》第三回中写道："……进入堂屋中，抬头迎面先看见一个赤金九龙青地大匾，匾上写着斗大的三个大字，是'荣禧堂'，后有一行小字：'某年月日，书赐荣国公贾源。'又有'万几宸翰之宝'。大紫檀雕螭案上，设着三尺来高青绿古铜鼎，悬着待漏随朝墨龙大画，一边是金蜼彝，一边是玻璃海。地下两溜十六张楠木交椅。又有一副对联，乃乌木联牌，镶着錾银的字迹，道是：座上珠玑昭日月，堂前黼黻焕烟霞……"这段室内陈设的细腻描写，能让人很容易就了解清朝时期的家具陈设——十六张交椅陈列于大厅中，大紫檀雕螭案摆于正中，案上摆着青铜古鼎、金蜼彝、玻璃海等金铜器皿而非等闲的瓶镜，反映出荣国府地位之显贵，不同于一般民宅的尊荣与气派。

第二节

紫檀的艺术

一、雕刻工艺精湛

家具上的雕刻方式大致可分为三种：浮雕、透雕和圆雕。而就清代的紫檀雕刻而言，其风格发展可分为三个时期。第一，仿明时期，即明末清初，此时的雕刻更注重意境的表达、线条的流畅性及装饰的巧妙性。第二，鼎盛时期，即清代中期，此时的紫檀被列为皇家专用，在雕刻上多是巧夺天工的繁复呈祥图案，以显皇家的富贵气派。第三，衰落时期，即清末，此时正值内忧外患，在紫檀的雕刻上也表现出了疲乏无力。

单从雕刻的纹饰上划分，紫檀家具的纹饰以中国传统风格的纹样为主，有龙凤纹、如意纹、牡丹纹、饕餮纹、云纹、回纹、寿纹、福纹以及中式宗教题材纹样等。清末受到西方巴洛克风

清中期　紫檀八角凳（图片提供：北京保利）

格影响，许多紫檀家具多呈现中西纹样合璧的样式。以"清代紫檀荷叶龙纹宝座"为例，靠背正中是云龙纹，龙形是清代宫廷标准的升龙造型，龙形下是一椭圆"寿"字纹。别具创意的是，此宝座以荷叶为元素，以具有巴洛克特色的卷草纹装饰，中西结合，很是有趣。

硬木中最适合雕刻的当属紫檀。紫檀雕刻会随着年代的久远更显得古朴端正、沉着文雅。从史料来看，我国的木雕历史悠久。至盛唐，木雕艺术的造型已趋完善；宋元时木雕受到社会变化的影响，作品以写实为主；明清时期的木雕艺术得到空前的发展，无论从技法上或是造型上，都更具艺术性。紫檀以其独具的纹理和质地，成为民间优质雕刻用材，广为盛行。

二、艺术造诣高超

紫檀家具以其材质高昂、雕工精绝、形制考究、稀缺罕有而称雄古今。从某种意义上说，紫檀家具的欣赏价值已远远超过了其实用价值。

紫檀作为中药有着悠久的使用历史。紫檀在传统家具的材质中享有盛名，但是它除了成为家具器用的重要原材之外，还有一个重要的功能，就是紫檀本身也可入药，与其他药配伍或单独使用，可以治疗很多疾病。李时珍《本草纲目》："旃檀，以为汤沐。"叶廷珪《名香谱》："皮实而色黄者为黄檀，皮涩而色白者为白檀，皮府而紫者为紫檀。其木并坚重清香。"不难看出，檀木亦被作为药类和香类使用。紫檀入药，大致可以治疗几种疾病：外科疾病，消肿止血；皮肤科疾病，治面（黑干），面部晦暗，有驻颜美容作用；妇科疾患，主要是可以入血分，治疗崩漏；小儿科疾患，治疗青白赤游肿；内科疾病，用于祛除腹内寄生虫及神志疾病。

许多名画中也记录了紫檀的源起浮沉。敦煌莫高窟晚唐窟壁画中就绘制有紫檀制具——唐代紫檀制画几和衣架等物，五代顾闳中的《韩熙载夜宴图》中的椅、榻，宋朝刘松年《唐五学士图》中富丽贵气的束腰如意足、黑漆描金案……

紫檀在当代更是备受追捧。在中国嘉德 2012 年春拍"翦淞阁文房宝玩"专场中，"明周制鱼龙海兽紫檀笔筒"拍前估价为 1200 万至 1800 万人民币，最终却以 5520 万人民币价格成交，刷新了木质笔筒的拍卖成交纪录，成为木质笔筒类的最高价，令人惊叹不绝。

三、世界文化符号

著名工艺美术大师屠杰在接受采访时曾说："艺术的价值就在呈现人类的文化生活中，并通过美好的物化形态让人享受物质文化的熏陶。古木的自然生命从它离土后便终结了，但是用优秀的华夏艺术生命予以延续，它又活了。"

如他所言，紫檀的艺术价值正在于此。事实上，尽管紫檀木极为稀缺罕有，除却"贵"别无其他。然而紫檀木在经过漂流过海的运输，经过能工巧匠的雕琢，经过先人智慧的沉淀，经过历史长河的过滤，它遗留下的，是沉甸甸的文化内涵和艺术造诣。它于"贵"之前添了"珍"，是稀世的珍，是世界的贵。这"珍贵"是无价的。

紫檀是世界文化的符号，更是中华文化的精粹。中国传统文化似无底洞穴，研究得越深，越觉得中国文化的博大精深。我们要做的，是将它挖出来，承下来，传出去。

清乾隆　紫檀西番莲夔龙团寿五扇屏风（图片提供：北京保利）

紫檀 °｜收藏与鉴赏

第四章

紫檀工艺品的收藏与保养

清乾隆 紫檀西番莲纹有带托泥大方凳（图片提供：中国嘉德）

　　木质坚硬、木性稳定的紫檀是制作家具的上等木料，同时又因为它适合雕刻，且具有一定的药用和养生价值，因此也常用来制作佛珠手串、木雕、文房用具等工艺品。近年来，随着紫檀家具的再度受宠，其他相关的紫檀工艺品也受到越来越多人的追捧。而且，相对于动辄几十万，甚至上百、上千万的紫檀家具而言，用料较少的紫檀工艺品更适合大部分喜爱者购买或收藏。

　　在紫檀的工艺品中，一些紫檀笔筒、木雕等因其工艺、用料和用途，通常拥有较高的价值和价格，与普通大众还有一定的距离。相对来说，紫檀制作的佛珠手串因佩戴方便，又拥有一定的寓意和修身养性的功效，再加上许多名人佩戴所产生的跟风效应形成的风尚，如今已成为紫檀工艺品中最为流行的一种。

　　任何工艺品的把玩都应该根据其材料的特征，讲究一定的保养，从而尽可能完全地展现工艺品的魅力，紫檀工艺品也不例外。本文就分别从工艺家具、文房用具、木雕摆件和佛珠手串这四个主要的类别来谈一谈紫檀工艺品的把玩与保养。

第一节

工艺家具　精工重器

　　中国的古典家具以紫檀家具和黄花梨家具为最高等级，二者都是用十分珍稀的木材制成，工艺和文化品位各有千秋，艺术价值和收藏价值不分伯仲，目前也都有相当的拥趸者。然而，若不考虑文化艺术属性，紫檀家具应比黄花梨家具具有更多的优点。

　　紫檀家具相对于黄花梨家具的优点主要体现在材质上。从木材的物理属性来讲，紫檀是目前常规利用的木材中的"木中之王"。在气干密度这一考量木材材质的绝对硬性标准上，紫檀比最高等级标准高出 0.1 到 0.31 个百分点，因此紫檀家具在所有红木家具中质量最沉；同时，气干密度也决定了紫檀家具在所有红木家具中质地最为细密坚硬，木性也最为稳定；加之紫檀颜色深重，油性好，紫檀家具表面光泽度高且手感光滑如丝等，这些优点共同构成了紫檀家具

无与伦比的品质感。

　　紫檀家具的珍贵，除了木材的稀缺和因材质而呈现出来的无与伦比的品质这两个天然的"优势"之外，其制作工艺也是非常重要的原因。清代宫廷造办处制作的紫檀家具，在工艺上的追求与明代文人黄花梨家具可以说是两个极端。明代文人黄花梨家具追求简练淳朴，不事雕琢，充分考虑人的舒适性。而清代紫檀家具追求稳重大气，精工华美，有时为了追求极致的美而忽略了实用和舒适。清代紫檀家具给人最直观的感受是用料厚重，雕饰繁复，震慑人心。由于清代统治者的喜爱和推崇，当时的造办处不仅有最多最好的紫檀木料，更有最多最好的木匠，因此造办处制作的家具可谓件件都是精工重器，由此也顺理成章地迎来了紫檀家具制作的工艺高峰。所以，从雕刻及整体的制作工艺角度来讲，清代紫檀家具达到了登峰造极的地步。

　　如今，传世的具有极高文化价值和艺术收藏价值的紫檀家具也大都出自清代宫廷，这些紫檀家具作为珍贵的藏品被博物馆或私人收藏。当代制作的紫檀家具大多仿造明清的样式，继承明清的工艺，价格依然不菲，所以购买紫檀家具仍然

清雍正　紫檀高束腰三弯腿大供桌（图片提供：中国嘉德）

是财富和尊贵的象征。

　　紫檀家具的种种优点，使其保养不需要花太多的力气。只要注意一些细节，紫檀家具就能够安然存放，成为传世佳品。

　　紫檀家具的摆放要注意地面的平整、空间的通风，同时避免受到阳光的直射，或者接触到明火的炙烤，这样做是为了防止紫檀木料受到温度和湿度变化过大的影响而开裂或变形。因此，紫檀家具的摆放位置最好是选在光线和通风都比较好的室内厅堂，一来尊重其木性，二来在光线较好的情况下才能真正欣赏到紫檀家具的材质和工艺魅力。

　　一般在家具陈设中，人们都喜欢在家具上摆放一些陶瓷、石雕等，在这里得提醒大家，紫檀家具虽然坚硬，但还是要避免与硬物直接摩擦。为了小心起见，在陶瓷、石雕等与家具之间

清乾隆　紫檀云蝠纹大平头案（图片提供：中国嘉德）

垫一块软布，不使其直接接触家具表面是较为合理的做法。但还是要说明的是，紫檀家具上不宜长期放置过重的物品，也不宜铺陈不透气的桌布，这会影响紫檀木料形成天然的包浆，不利于紫檀家具长期的保养。

此外，对紫檀家具要经常擦拭，避免让积尘掩盖了紫檀家具的光泽，更影响其天然包浆的形成。在擦拭时也不用湿布，不用表面粗糙的布，而是选择柔软的纯棉干布，并顺着纹理轻轻擦拭。

在现代装修的房子里，紫檀家具的保养更要遵守上面的细节。特别到了冬季，房子里都会开空调或者是暖气。在现代，空调或暖气实际上是造成紫檀家具开裂或变形的主因了，所以紫檀家具最好不要放在有暖气和空调的房间。另外，冬天室内的湿度也会降低，为了防止紫檀家具开裂，可以在放置紫檀家具的房间内置办一台加湿器，或者在房间里配一个鱼缸养一些金鱼，这样就可以保持室内的湿度了。如果不增加空气的湿度，也可以选择在冬季给家具上蜂蜡，这样可以尽可能地减少家具发生开裂的现象。但总的来说，冬季有细微的开裂是正常的现象，不用太过在意，因为细小的裂纹过段时间会自己愈合，而且随着时间的增长，紫檀家具发生开裂的情况会越来越少。

第二节

文房用具　高尚雅致

　　文房即书房，是中国传统文化中特有的精神符号。庭院回廊，书斋雅器，清香而幽雅。

　　家具中的文房用具，属于家具中的"小器"。诚然，文房用具小巧实用，既是文人必备的日常器具，又可点缀空间，还可随手把玩，在现代生活中仍占有重要的位置。在古典家具中通常都有"小器大雅"的说法，就是说"小器"因精致而别具"大雅"。通常说到文房用具之雅时，大多数人可能都会直接联想到明代文人和黄花梨。殊不知，紫檀中的文房用具也是一个大类，并且诠释着另一种高尚的雅致。

　　常见的紫檀文房用具包括笔筒、砚台、印泥盒、镇纸及收纳用的书箱、提盒等。紫檀颜色深重，因此紫檀木制作的文房用具不似黄花梨那般清新洗炼，而给人以高雅时尚的质感。一般而言，文人雅士会更偏爱黄花梨的古朴自然，以衬托清新脱俗的文人气质；而厚重沉穆的紫檀所散发出来的高贵气质，则符合皇亲贵族的胃口。

不同的人群偏好，造成了紫檀文房用具与黄花梨文房用具在工艺上，也存在较大的区别。以笔筒为例，黄花梨笔筒以素工居多，基本都保持了黄花梨天然的纹理，给人的感觉也是恬淡素雅，文人气息十分浓厚；紫檀笔筒也有素工，但素工的紫檀笔筒稍显沉闷，用现在的话说就是过于高贵冷艳了。所以，大多数的紫檀笔筒都会饰以竹木、花鸟、诗文等雕刻，这样的紫檀笔筒在沉穆中又有些许精巧，在尊贵中又显雅致。总的来说，紫檀文房用具虽然不似黄花梨那般低调文气，但其高尚雅致也是另一种审美情调，在当下也符合一部分人的审美需求。

作为紫檀家具中的"小器"，紫檀文房用具的保养相对家具保养来说也是"小工程"了。

清中期　紫檀六方座（图片提供：中国嘉德）

紫檀一木整挖天圆地方器座（图片提供：北京匡时）

跟家具保养一样，紫檀文房用具也要避免处于温度和湿度变化较大的环境中。相对来说，文房用具在环境方面的要求更大一些，因为"小器"开裂变形的几率会大一点，而且一旦发生状况，就比较显眼，也影响到使用。

另外，文房用具的保养要特别注重遵循"常用常新"的原则。也就是说经常上手使用紫檀文房用具，而不是只作为装饰摆放，这就是对其最好的保养了。当然，也正是因为文房用具的使用更为频繁，这里要注意一个细节：使用之后记得用纯棉的干布擦掉用具中可能留下的汗液。

周制鱼龙海兽紫檀笔筒（图片提供：中国嘉德）

第三节

木雕摆件　巧夺天工

　　前面说到的工艺家具和文房用具都有雕刻的元素，其中很大一部分清代宫廷制作的紫檀家具的雕刻工艺繁复精细，整体呈现的视觉效果令人十分震撼。紫檀木雕摆件的雕刻自然不同于家具，因为物件小，题材更广，创造性更大，也是另一种巧夺天工。

　　紫檀木雕相对于其他木雕而言，有一个比较明显的优点，即紫檀木能够承受各种刀工。不管是毛雕、圆雕，还是平雕、镂雕，或者浮雕、透雕，紫檀都能够很好地表现出它们的特点。我们经常看到的综合运用了多种雕法于一身的清代宫廷紫檀家具，也很好地说明了这一点。而紫檀木雕摆件也因此具备了更丰富的表现力。另外，紫檀木木性稳定、木质坚硬，紫檀木雕摆件开裂变形等损坏的几率小；紫檀木的颜色深、油性好，紫檀木雕摆件更能让人感受到实在的把玩效果。这些都是紫檀木雕的优点。

那么，紫檀木在雕刻上究竟有多少创造性？这里就试以一件小叶紫檀提梁卣来说明。"卣"是中国商周时期重要的青铜盛酒礼器，一般通体纹饰，极其尊贵讲究。此件用小叶紫檀创作的提梁卣是用整块小叶紫檀镂空制作而成，包括卣腹、挂链和挂架三部分，完整再现了青铜卣的实物形状；在形似的同时，小叶紫檀提梁卣主体部分的雕刻惟妙惟肖地还原了青铜卣的神韵。详细来说，此件小叶紫檀提梁卣综合采用了浮雕、透雕和圆雕三种手法。挂链和挂架主要以圆雕为主，呈现出圆滑、饱满的质感；卣盖是浮雕，极其自然、逼真；卣腹采用单面透雕工艺，凹凸镶嵌，接缝无间。综合来看，恐怕也只有紫檀木能如此完美地"复制"青铜卣了。

当然，紫檀木雕摆件的题材和款式是非常多样的，如"提梁卣"这样巧夺天工的创造也会不断涌现。

木雕通常都是作为装饰摆件，一般稍大一点的物件大部分的时间都被摆放在厅堂或文房，小一点的物件才有机会常常上手把玩，所以木雕摆件的保养容易被忽略。在这里要提醒收藏爱好者，紫檀木雕摆件也要像家具和文房用具一样注意基本的呵护，比如定期擦拭、防热防潮、经常抚摸把玩等。其中防热防潮是比较重要的一点，如果不慎出现开裂、变形，那就大大影响了它的价值。

小叶紫檀提梁卣

第四节

佛珠手串　修身养性

　　小叶紫檀佛珠手串是目前最为常见、适用最广的紫檀工艺品，因此需要好好讲一讲小叶紫檀佛珠手串的把玩和保养。

一、把玩初始，选好材料

　　小叶紫檀手串不仅有修身养性的作用，也是佩戴者个人品位的体现，因而人们都希望自己的小叶紫檀手串光泽油亮、顺滑玉润，也因此会十分注意其把玩与保养。然而，在细心把玩与精心保养之前，选好料是关键的第一步。这跟"巧妇难为无米之炊"应是一个道理，如果买的是下等的料做成的手串，那么再专业的保养恐怕也难达到理想的效果。

不同规格的佛珠（图片提供：上木良品）

    至于如何选好料，就要结合小叶紫檀的材质特征及其鉴别方法，尽量做到多看，多做比较，积累自己的鉴别经验。如果自身信心不足，可多请教经验比较丰富的专家。小叶紫檀手串的好料标准中有两点特别重要：一是料质尽量细密；二是油性要大。这样的小叶紫檀手串在把玩的过程中容易形成包浆，能更好地保存小叶紫檀天然的美感，摸起来也是极其自然、顺滑。因此，小叶紫檀的光泽实际上是不需要通过上油或上蜡等方式速成的，任其自然氧化而形成包浆，才是最佳的状态。

二、要出珍品，注意细节

    刚购买的小叶紫檀手串不宜马上就上手佩戴，一般可在阴凉通风处放置一段时间，任其再自然地风干和氧化。在这个过程中，可以每天用柔软细腻的棉布擦拭手串 2~3 个小时，或者直接戴上柔软的棉布手套擦拭更为方便。虽然小叶紫檀木质坚硬，但还是要注意避免与硬物摩擦。同时，若不是想刻意改变手串的颜色，不能在阳光下暴晒。

在经过一段时间的放置和棉布擦拭之后，手串的表面应该会形成一层油光，看起来光亮动人，这就是所谓的包浆。包浆的形成不是绝对的，仍然取决于料质的好坏。经过这个放置的过程之后，就可以上手佩戴和把玩了。小叶紫檀手串的光泽是常用常新的，只有通过抚摸和把玩，小叶紫檀手串才能更加"神采奕奕"。但也需要注意，在刚开始佩戴时，每天把玩的时间不宜过长，可控制在30分钟至1个小时。一方面要避免手串过长时间地受到阳光照射，一方面也要注意不要让汗水影响了小叶紫檀正常的木性。小叶紫檀不宜接触水、酒精等液体，因为小叶紫檀毕竟是木质，本身就含有一定的水分，热胀冷缩在所难免，接触水等液体更容易出现开裂变形的情况，因此必须注意避水。

由此可以看出，把玩小叶紫檀手串是需要极其细心的。若在把玩的过程中因为暴晒过多或者遇水而达不到理想的把玩效果，建议最好不要上油或上蜡，而是应该从头开始，先放置一段时间，并用柔软的棉布擦拭，使其慢慢恢复天然的光泽。

小叶紫檀金星（图片提供：上木良品）

小叶紫檀佛珠（图片提供：上木良品）

三、过程重要，保持耐心

由上面所提的步骤和一些注意事项可以看出，把玩的心态也是非常重要的。保持耐心既是客观的需要，也是通过耐心把玩培养自己温和的心性。在快节奏的生活中时不时地静下心来慢慢把玩手中的佛珠，不失为一种涵养身心的绝好方式，从中也可达到修身养性的目的。

也就是说，在把玩的过程中应该提倡自然而然，不急功近利，不刻意追求包浆，而是让时间的推移来慢慢呈现小叶紫檀的材质魅力。同时，把玩时也需要注意珠子与珠子之间的摩擦，不可用力过猛。这也是要求大家用比较温和的力度来把玩，并享受慢慢把玩的过程。如果遵循这些要求，你也许就会发现，其实把玩手串在心灵陶冶层面对身心的帮助非常大，实际上要大于小叶紫檀本身所具有的物理养生功效。在人们的生活水平不断提高的当下，把玩小叶紫檀手串更大的意义可以说是对更高品质生活的向往，也可以是追求内心的平和。

因此，耐心对于小叶紫檀的把玩与保养具有十分特别的意义。如果用平和的心态享受把玩的过程，那么不仅能够陶冶性情，也有可能得到超乎想象的把玩效果。总结而言，小叶紫檀手串的把玩既需要充分尊重小叶紫檀的木性，也需要玩主满怀"人性"，这样才能达到物与人的"双赢"。

清 御制紫檀鸡翅木百宝嵌《大宝箴》柜式大屏（图片提供：北京保利）

　　随着社会经济的发展和物质生活条件的满足，人们的精神文化生活和需求也必将越来越丰富。紫檀工艺品既珍稀又能涵养身心，相信会受到越来越多人的喜爱。以上关于紫檀工艺品的把玩与保养的建议只是择其要点。另外，所谓"实践出真知"，具体的操作还需要紫檀工艺品的收藏者和爱好者通过实践来不断积累经验，相信通过自身的努力，人人都能成为一个好的紫檀"玩家"。

紫檀 ° | 收藏与鉴赏

第五章

作品鉴赏

紫檀嵌理石面雕云纹坐几（图片提供：北京匡时）

紫檀有束腰罗锅枨禅凳成对（图片提供：北京匡时）

大叶紫檀有束腰带托泥荷花宝座

小叶紫檀 108 颗佛珠（图片提供：上木良品）

清乾隆 御制紫檀雕云龙纹宝座（图片提供：北京保利）

清乾隆 紫檀高束腰蕉叶云蝠纹三弯腿带托泥香几成对（图片提供：中国嘉德）

紫檀有束腰透雕坐几（图片提供：北京匡时）

清晚期 紫檀有束腰马蹄足画桌（图片提供：北京保利）

清乾隆 紫檀大漆描金雕龙纹多宝柜（图片提供：中国嘉德）

清乾隆 紫檀透雕巴洛克风格宝座（图片提供：北京保利）

荷花沙发十件套

清早期 紫檀束腰打洼画案（图片提供：北京保利）

单月洞梅花架子床（图片提供：北京匡时）

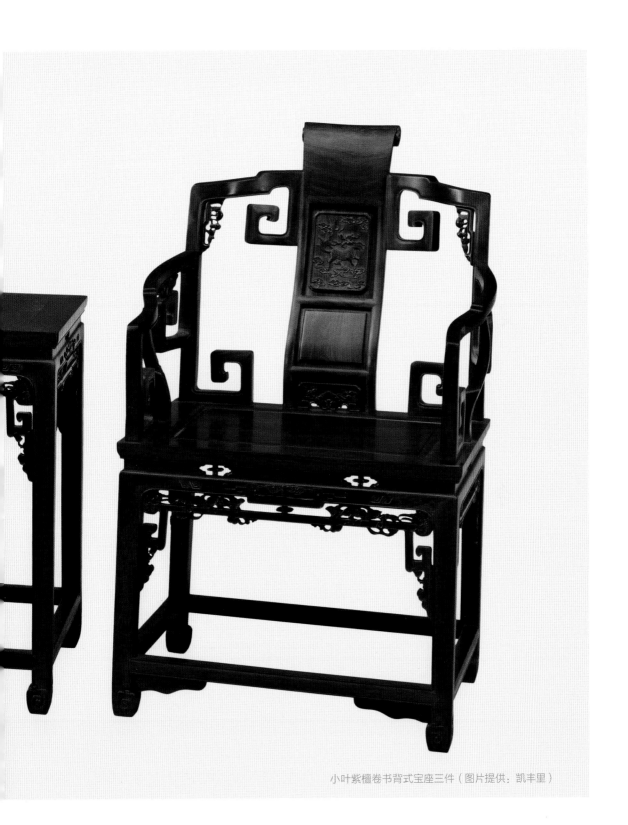

小叶紫檀卷书背式宝座三件（图片提供：凯丰里）

清中期　紫檀嵌樱木面如意纹香几（图片提供：北京保利）

紫檀云头圆腿小条案（图片提供：中国嘉德）

清乾隆　紫檀嵌桦木龙凤扶手椅 一对（图片提供：北京保利）

清早期 紫檀镶八宝"得子图"花鸟插屏（图片提供：北京保利）

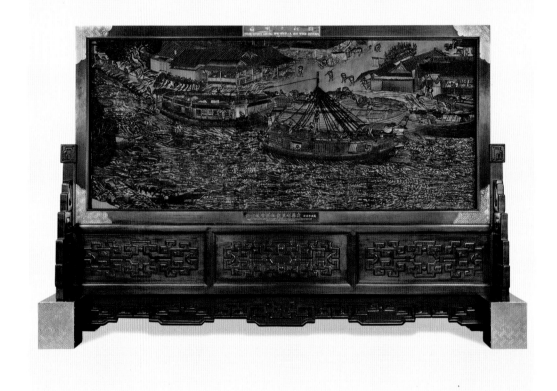

紫檀木雕《清明上河图》插屏（图片提供：中国紫檀博物馆）

紫檀木雕《清明上河图》插屏（图片提供：中国紫檀博物馆）

紫檀木雕《清明上河图》插屏（图片提供：中国紫檀博物馆）

紫檀木雕《清明上河图》插屏（图片提供：中国紫檀博物馆）

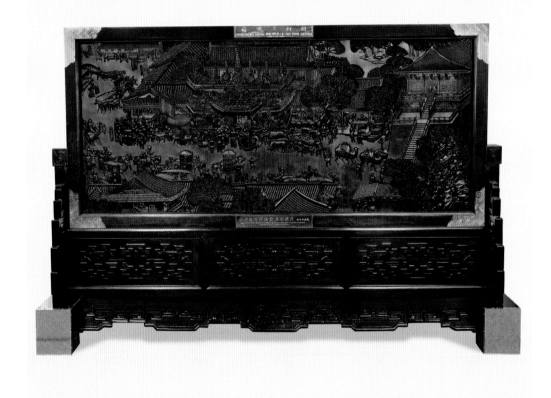

紫檀木雕《清明上河图》插屏（图片提供：中国紫檀博物馆）

清乾隆　紫檀龙纹罗汉床（图片提供：中国嘉德）

清早期　紫檀框嵌"室上大吉"云石插屏（图片提供：北京保利）

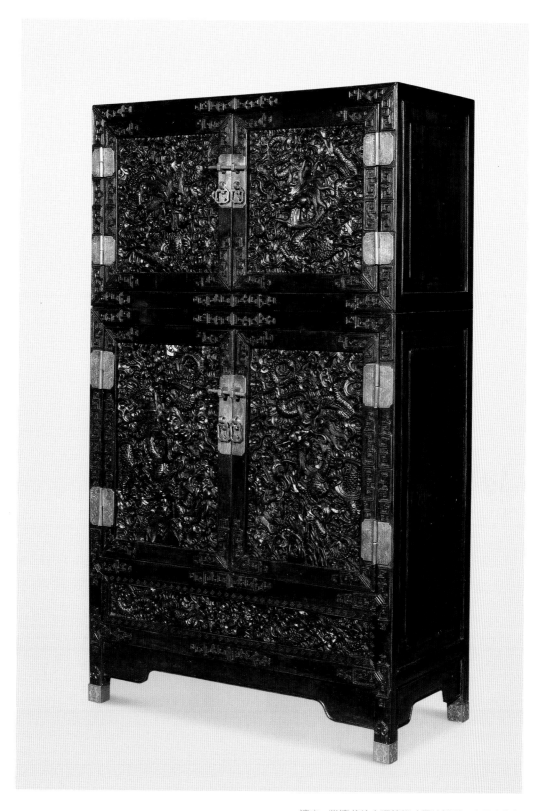

清末　紫檀龙纹小顶箱柜（图片提供：中国嘉德）

清乾隆　紫檀嵌银丝描金案屏成对（图片提供：中国嘉德）